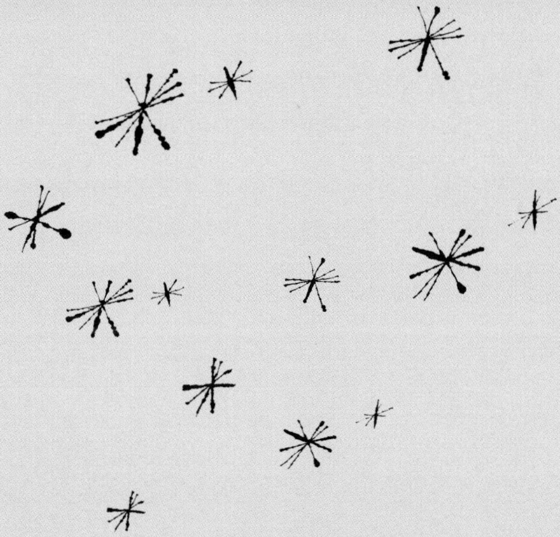

好想養隻貓

可愛療癒系萌貓小圖鑑

今泉忠明◎監修　福田豐文◎攝影
中野博美◎文字　徐曉珮◎翻譯

目錄 Contents

Chapter 3

貓咪大人的祕密武器

Chapter 4

貓咪在我家

專欄

前言

每次拍攝貓咪，都會出現新鮮又驚奇的感覺，是一種充滿魅力的拍攝主角。當初一開始是拍攝月曆《溫馨的小貓咪》（山與溪谷社出版），雖然是以米克斯貓為主，不過後來因緣際會，也開始到貓展或育種者家裡拍攝純種貓的照片。一下子我的貓咪攝影世界就擴展得很大。本書中有各式各樣貓咪品種的可愛表情與帥氣姿態，希望大家喜愛。

其實我在小的時候，有點不敢摸貓咪軟軟的肚子。不過，現在卻無法想像沒有貓的生活。貓可以療癒我的疲累，也讓家人連結在一起。我們家已經有20年以上的時間，家中一直有貓咪的存在。

福田豐文

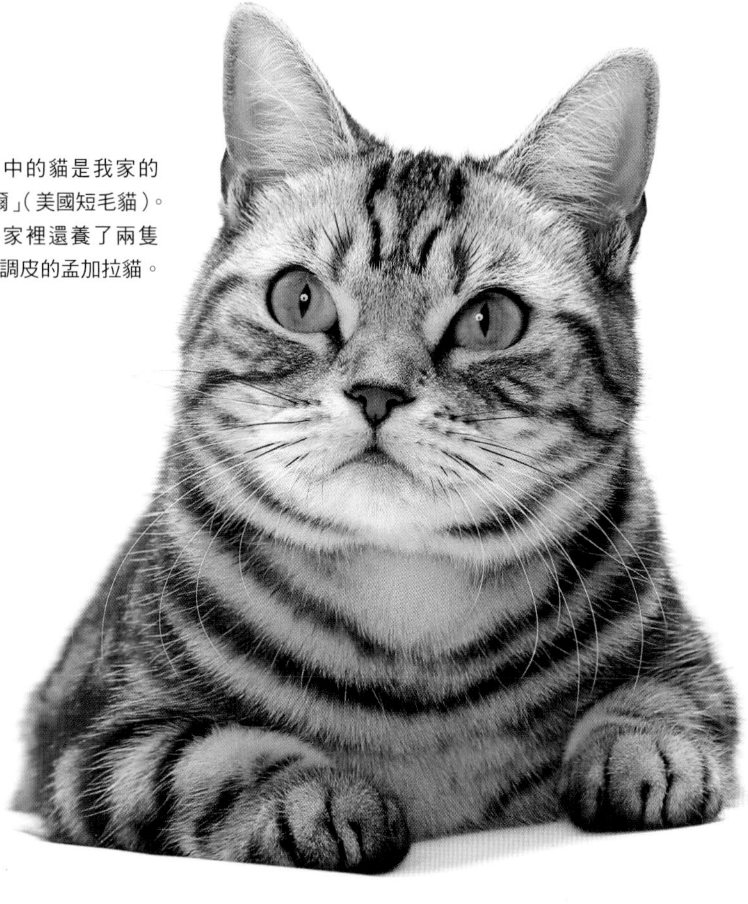

照片中的貓是我家的「謝爾」（美國短毛貓）。另外家裡還養了兩隻活潑調皮的孟加拉貓。

Chapter 1

貓的記憶

不可思議的存在，貓。
牠總是不經意的出現在身邊，
但特意尋找時卻又四處都找不到。
可愛與野性的表情，高效能的感官肢體與神乎其技的動作。
「是天使還是墮落天使？」當你這麼問時，
已經被貓的魔法迷惑住了喔！

1
貓的歷史

當貓遇見人

奇蹟般的相遇

本書的主角「貓（家貓）」，是野生貓科動物利比亞山貓馴養之後產生的品種。單獨狩獵的「貓」和群居生活的「人」之間，展開了不可思議的緣分與故事。

貓和人到底是什麼時候相遇的呢？

塞浦路斯島的遺跡中，有人和貓一起埋葬的痕跡。所以在大約９５００年前，貓已經進入人類的生活了。

「貓會捉老鼠，所以在身邊出入也沒關係。」這樣的想法長久下來，縮短了貓和人類間的距離。

古埃及則留下了細心飼養照顧貓咪的歷史記載。之後，貓從埃及傳了出去，往世界各地擴散。而這些貓因為到了不同的地方，命運也完全不同。

在基督教文化圈，貓被視為不吉的「惡魔化身」，受到厭惡而被虐殺。伊斯蘭教文化圈中，因為先知穆罕默德非常愛貓，因此貓被視為「聖獸」。佛教文化圈因禁止殺生，所以對於身旁的「生命」都很重視。

當然，貓現在已經成為世界上最有魅力、最受喜愛的家族成員了。

貓與人的歷史，如果沒有老鼠的存在，可能無法成立。所以說不定貓能夠如此受寵，其實是老鼠的功勞喔！

「貓與人的5個歷史小故事」

1

老祖宗是利比亞山貓

利比亞山貓屬於歐洲山貓五個亞種之一，棲息地位於中東到北非一帶。不知道當初是好奇心強的山貓自己接近人類，還是人類撿到山貓的幼貓？

2

在埃及是神聖的動物

埃及神話中豐饒多產的象徵，女神巴斯特（Bastet），頭部就是貓。古埃及的遺跡中，有和人類木乃伊一樣方式製作的貓木乃伊，為數還不少。

3

乘著船到世界各地

貓是以負責捕捉老鼠的船員身分，以及做為航海的守護神，與人類一同乘船航行。此外，因為是會捕捉老鼠的珍奇動物，所以也被當成貴重的禮物，帶到世界各地。

4

因為女巫審判而遭受迫害

歐洲以基督教為主，所以多神教崇拜的貓，被當成是「惡魔」而遭受迫害虐殺。後來因為老鼠傳染的黑死病，所以貓的重要性又再度提升。

5

從中國到日本

日本對於貓最早的記載，是平安時期宇多天皇養了一隻黑色的唐貓（唐朝傳過來的貓）。《枕草子》中也有一篇關於貓的故事〈命婦的大臣〉，可以知道當時貓的地位比狗來得高。

2
貓與書

書架上的貓

架空的貓、現實的貓、書中的貓，沉溺在幸福的貓天堂

隨著讀者的想像力、妄想力，貓咪變得更有魅力。這些二次元的貓，不知何時畫成三次元，有時候甚至變成四次元的貓，刺激我們的大腦運作。

在網路上搜尋，應該可以找到很多貓咪書籍的書評網站。不但出版了介紹貓咪的書，甚至還有專賣貓咪書籍的書店。

資訊如此發達，也許現在不太需要介紹關於貓的書籍了，但稍微討論一下也不錯。

首先是關於貓的知識。科學方面的貓的故事，可以參考本書監修者金泉忠明的著作或圖鑑，裡面有很多他自己獨到的看法，深具魅力。加藤由子關於貓咪飼養的著作，看幾次都不會膩。保羅．葛利格（Paul Gallico）寫的《貓語教科書》雖然有點時間了，現在讀起來還是非常有趣，毫不遜色。

繪本和童書方面，有像路易斯．賽普維達（Luis Sepulveda）的《教海鷗飛行的貓》、娥蘇拉．勒瑰恩（Ursula K. Le Guin）的《飛天貓》系列，以及佐野洋子的《活了一百萬次的貓》、長新太的《轟隆轟隆喵～》等書。《格林童話》中的〈貓和老鼠〉也很超現實，非常好看。

此外，集結了愛貓作家大佛次郎等的短篇小說《貓》、淺田次郎等著的《貓的故事》、河合隼雄的著作《貓魂》，一本愛貓的心理學家評論以貓為主角的故事或漫畫的書都很棒……數也數不清啊！

「深入了解『貓』的5本書」

1 奸笑著消失的貓

路易斯・卡羅（Lewis Carroll）的著作《愛麗絲夢遊仙境》中的柴郡貓，是一隻趴在樹上說著人話，身影還會慢慢不見，不可思議的貓。這本書即使長大成人了，讀起來還是覺得很有趣。

2 從貓的角度來述說人類

夏目漱石的著作《我是貓》。重讀一次應該還是會覺得「漱石真是天才啊！」當初是在報紙上連載，所以是上廁所時讀起來剛好的分量。能夠讀到最後一回，真是為自己感到自豪啊！

3 地球的主人當然是貓

星新一的《反覆無常的機器人》中的極短篇〈貓〉。貓向外星人介紹的地球以及人類等內容，讀起來會有「的確如此」的微妙認同感。

4 穿著長筒靴的聰明貓

夏爾・佩羅（Charles Perrault）著的《穿著長筒靴的貓》，如果不當成報恩故事，而看成廣告哲學、企業戰略的書籍，那麼這隻貓可是野心滿滿又能幹的營業部長、廣告部長呀！看著我家的貓，忍不住也開始產生這種妄想。

5 漫畫中的可愛貓咪

雖然有很多像大島弓子的《綿之國星》、小林誠的《貓咪也瘋狂》等名作，不過山田紫筆下的貓，不管是搞笑或嚴肅的作品都很有趣。每一隻貓都有強烈的存在感。

愛貓的人

貓奴與貓愛的人

存在於人類思考的秩序與邏輯之外，自由自在又心高氣傲的貓咪們。有愛貓的人，也有貓愛的人。愛貓的人都是藝術家嗎？好像也不一定。

藝術家與貓，是因為氣質相近嗎？不管是在日本或海外，都有許多喜歡貓的畫家、音樂家、作家等。讀了艾莉森・納斯達斯（Alison Nastasi）的《藝術家與他們的貓》、夏目房之介的《作家的貓》等書後，就會有恍然大悟之感。

科學家和醫生也不遑多讓。牛頓因為喜歡貓，所以發明了「貓門（Cat Flap）」。寺田寅彥、南方熊楠也喜歡貓。史懷哲曾說：「逃離生命迷思的方法有二：音樂和貓。」

而一般感覺最不可能養貓的政治家，其實有不少人喜歡貓。美國第十六任總統林肯，就是眾所周知的超級愛貓人士，為了貓什麼都可以退讓。據說還講過「不愛護狗或貓的人絕對不可信任」這樣的話。第二十六任總統羅斯福、第四十二任總統柯林頓，都在白宮養了貓。前英國首相柴契爾夫人也是以愛貓聞名。

最近的愛貓名人，因為電視和網路上都介紹很多了，這裡就省略。如果想知道可以自己搜尋看看。

「原來如此！真是意外？愛貓的5位名人」

1 藝術家&博學家 達文西

達文西那個年代的歐洲非常討厭貓，可說是貓的黑暗時期。但是達文西卻在那樣的氛圍下，留下許多貓咪姿態優雅的素描，可以說是對貓這種動物很有興趣吧！

2 作家 海明威

美國佛羅里達州海明威的家現在已改裝成博物館，但是他所養的貓「雪球」的子子孫孫都還住在那裡，吸引觀光客的到來。

3 音樂家 約翰藍儂

根據艾莉森・納斯達斯（Alison Nastasi）著的《藝術家與他們的貓》一書，約翰在孩童時期就和貓是好朋友。聽說會把魚拿給經過魚市場的貓吃，也留下很多貓的繪畫。

4 博物學者 南方熊楠

養過數不清的貓，通通取名叫「樗蒲六」。水木茂的漫畫《貓楠》描繪了南方熊楠的後半生，將之塑造成除了會十八國語言外，連貓語和幽靈語都會說的角色。

5 畫家 畢卡索

畫家畢卡索愛貓也愛狗，曾經繪製「多拉・馬爾與貓」、「阿富汗的貓」、「立體主義的貓」等作品。達利、馬諦斯、克林姆、克利、藤田嗣治，喜歡貓的畫家其實很多。

貓的妙用

療癒的藥、返老回春的藥

以為只是寄居又任性的食客，但其實貓咪在家中意外有著重要的功能。療癒、返老回春、長壽等等，據說還證實了貓主人因此減少生病上醫院的次數。

首先是「療癒效果」。

根據美國學者的研究，「貓咪影片」有著療癒的效果，證實在觀賞的時候心情會很振奮，變得非常正面積極。工作空檔看些可愛的貓咪影片，不但不會浪費時間，反而能轉換心情，提振精神。從現在開始，我們要改變自己消極的人生，就多多觀賞貓咪影片來療癒吧！

接下來是「回春效果」。

負責本書貓咪照片拍攝的攝影師福田先生發現，貓展的評審或參賽人員，外表看起來和實際年齡之間的差異，是驚人的年輕許多。評審常常會需要抱起將近10公斤的貓咪，在一瞬間做出確實的評判，是既耗腦力又耗體力的工作。但是居然有不少人看起來甚至年輕10歲以上。福田先生認為：「貓絕對具有讓人返老回春的效果，因為育種者看起來也是這樣。」

養貓其實很花錢也很花精神，但是一想到「為了這孩子我得加油啊」，那麼主人也會好好注意自己的健康呀！貓咪健康法，是有其效果的吧！

Chapter 2

溫馨的貓咪圖鑑

沒有比獅子還大的貓，
也沒有小到可以鑽入老鼠洞穴的貓。
不過，仔細瞧瞧吧！
野性、可愛、神祕……
原來貓的品種有這麼多啊！

貓咪圖鑑使用法

Chapter2「溫馨的貓咪圖鑑」中，介紹各式各樣貓咪的品種。請慢慢品味貓咪可愛與帥氣的照片，還有各種小故事。

照片

嚴選可愛、帥氣的照片。

故事

介紹關於這個品種的故事。

類型

表示屬於6種體型的哪一種。

英文名字

英文的品種名。參考了CFA和TICA的取名。

標語

為這個品種寫一句標語。

品種名

一般使用的日文品種名。參考了CFA和TICA的取名。

評論

介紹故事中沒有寫到的小趣聞。

成貓

為了讓大家了解品種的特徵，會搭配至少一張成貓的照片。

資料

原產國 品種的起源國，或是品種改良的國家。
體型 看起來或抱起來的感覺。
大小 若把平常看到的日本貓當作「中型」，比較小的稱為「小型」，比較大的稱為「大型」。成貓的重量大約2～8公斤，但是也有個別差異，有些品種公貓和母貓更是差別很大。
毛 被毛的樣子、觸感、抱起來的感覺。

用語

- 虎斑（tabby）：花紋的樣子。
- 經典虎斑（classic tabby）：虎斑的一種，身體兩側有捲雲狀或漩渦狀的花紋。
- 重點色（point color）：像暹羅貓一樣，臉部、耳朵、四肢、尾巴的毛色比較濃一點。
- 雜色（parti-color）：白底斑點的毛色。身上出現好幾種不同顏色的毛。
- 藍色（blue）：被毛的話，是指灰色；眼睛的話，是指藍色。
- 黑貂色（sable）：黑貂毛皮的顏色。黑褐色。
- 被毛（coat）：貓的毛皮。
- 單層毛（single coat）：是指被毛只有底層（under coat）或上層（top coat）。
- 雙層毛（double coat）：被毛有底層和上層。
- 三層毛（triple coat）：像西伯利亞貓那樣很厚的被毛，除了底層和上層外，還有中間的芒毛（awn coat）。
- 工作貓（working cat）：幫助人類進行捕捉老鼠等工作的貓。
- 育種：配種培育新的品種。
- CFA（The Cat Fanciers Association）：美國愛貓者協會，1906年在美國成立的愛貓團體。
- TICA（The International Cat Association）：國際貓咪協會，1979年在美國成立的愛貓團體。

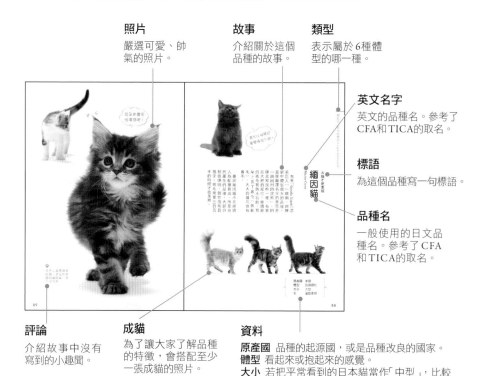

貓的 6 種體型

體型分成 6 種類型介紹。

普通系 半外國型
semi-foreign
一般人心目中的形象，很適合貓的普通體型。

療癒系 短身型
cobby
圓圓胖胖
短短的骨架。

圓潤系 半短身型
semi-cobby
比「療癒系」要瘦長一點。

健壯系 長身結實型
long & substantial
雖然體型瘦，但比「超瘦長系」胖一點。

瘦長系 外國型
foreign
體型很大、很結實、很有份量。

超瘦長系 東方型
oriental
整體很長，屬於纖細的體型。

貓的身體

★品種的資訊說明，記載的是一般的外貌、傾向與特質。貓咪有個別差異，性別也會影響。如果覺得不像，就當作是自家貓咪的獨特個性。

★品種的名稱與公認的條件，會因為品種認定團體而有所不同。另外也可能會隨時更新資訊。

期待每天的「美短劇場」

美國短毛貓

American Shorthair

「想要調皮搗蛋吧？」主人常常會這麼打趣道。有著調皮圓臉，充滿魅力的美國短毛貓，通稱「美短」。

其祖先最初以捕捉老鼠的優異能力，隨著移民船來到新大陸，而這種活潑健壯的工作貓的後代子孫，便是美短了。

這種貓有著大骨架的身型，運動神經極佳，平衡感也很好。喜歡工作、喜歡玩，更喜歡人類，是家貓中的優等生。雖然大家熟知的是照片中那種經典虎斑紋，不過也有單一色或是雜色等各種毛色。

原產國	美國
體型	大骨架肌肉型
大小	中型
毛	稍硬

照片中的虎斑貓，額頭上有「M字形」，肩膀上有「蝴蝶花樣」的紋路。可以觀察看看喔！

眉間有「M 字形」，
肩膀有「蝴蝶花樣」。
看得出來嗎？

這是貓嗎？不時會有人這麼問

蘇格蘭摺耳貓

Scottish Fold

「哎呀，沒有耳朵……嗎？」

不是喔，仔細看看頭部前方，真的有摺下來的小小耳朵。圓圓的臉、圓圓的眼睛，縮起來圓圓的身體，連個性也都感覺圓圓的，叫聲十分溫和的療癒系貓咪。

品種的起源，是1961年在蘇格蘭某個農場出現的奇妙摺耳小貓。剛出生時是普通的豎耳，但生下來兩到三週，就開始變成摺耳的狀態，有的小貓則保持豎耳狀態。因為貓咪的「耳運」不同，有的摺耳、有的豎耳，有些人喜歡、有些人不喜歡。不過，同是摺耳貓進行交配的話，容易發生遺傳健康上的問題，所以還是盡量與豎耳貓交配比較好。

原產國	英國（長毛種是美國）
體型	比看起來要有肌肉
大小	中型
毛	軟綿

世界上所有的蘇格蘭摺耳貓，都是「蘇西（Susie）」這隻貓的後代。

爸爸和姊姊是豎耳，可是媽媽是摺耳。
是摺耳貓喲！嘿嘿。

豎耳也很可愛

豎耳的蘇格蘭貓

Scottish Fold（Scottish Straight）

圓圓的臉配上稍小的耳朵，愛撒嬌的這種貓咪，就是豎耳的蘇格蘭貓。外表和個性都和摺耳的蘇格蘭貓一樣。摺耳貓因為遺傳問題，要配種的話不能和一樣摺耳的貓交配，必須和豎耳貓交配。

有些愛貓團體（TICA等等）會將這種貓與摺耳的蘇格蘭貓做出區別，稱為蘇格蘭豎耳貓。

演出某個廣告的「大膽貓」，就是豎耳的蘇格蘭貓。

我是豎耳的
蘇格蘭貓。

我是摺耳的
蘇格蘭貓。

具有古老優雅傳統的英國種

英國短毛貓

British Shorthair

如果要拍真實版的《愛麗絲夢遊仙境》，柴郡貓的角色應該會找英國短毛貓來演出吧！澎澎的臉頰、圓潤的身體，非常適合在倫敦老街或鄉間農場出現的外表。這是古代羅馬軍團從埃及帶入英國的品種，是英國歷史最古老的貓。質樸剛健、耐力十足，運動能力極佳，扮演著捕捉老鼠的工作貓這樣重要的角色。

最有名的品種是藍貓，不過現在其他顏色和斑紋的貓也廣受喜愛。

路易斯・卡羅《愛麗絲夢遊仙境》中出現的柴郡貓（Cheshire cat），是一隻趴在樹上、咧著嘴笑、會說人話的貓。

原產國	英國
體型	胸部寬厚，體型圓潤。
大小	中到大型
毛	厚實蓬鬆，稍硬。

英國的貓
大概都和我同
種類喔～喵！

法國有所謂「蕁麻草藥酒（chartreuse）」，和沙特爾貓不知道有什麼關係，不過感覺很配。

來自法國的小天才

沙特爾貓

Chartreux

澎澎的臉頰、小小的嘴巴，看起來就像在微笑的法國貓。身體很有份量，四肢卻相對細小，但是跳躍力很強。不但聰明而且個性柔順，叫聲也很溫和。

像羊毛一樣柔軟而且又能防水的藍灰色美麗被毛，因為賣價很高，所以在過去曾有一段時間，許多沙特爾貓被殺，毛皮被拿來賣，甚至肉被拿來吃。因為品種古老，所以起源和取名由來有很多種不同說法。

原產國	法國
體型	圓潤有份量
大小	大型
毛	濃密、防水

變臉俱樂部

假若這個世界有撲克臉貓的話，大概是指沙特爾貓這種像人類一般，有著極豐富表情的貓吧！

　每天和牠們一起嘗試變化表情，相信不管是在家裡或任何地方，一定能感到幸福、開心。

幼貓時代的眉毛是三角形，也稱為魔鬼記號。

今日示範
緬因貓
斯芬克斯貓
地球和平是因為我們做鬼臉！
照著前輩們的示範。

原產國	新加坡
體型	意外的很有肌肉
大小	小型
毛	像絲綢般滑順柔軟

大大的眼睛，讓你一見傾心

新加坡貓

Singapura

四目相望，杏仁形的眼睛會突然睜大，有著古典象牙白的美麗被毛。身材嬌小，叫聲也溫和。即使是成貓也還是保持著楚楚可憐的外貌，被稱呼為「小精靈」的品種。

雖然說是新加坡土生土長的貓，不過因為新加坡從以前就是貿易繁盛的港口，說不定原本是從別地乘船渡海停靠而來的貓咪呀！1971年由梅朵（Meadow）夫婦帶回美國進行計畫性的繁殖，成為受到認可的品種。

新加坡貓只有毛尖是黑貂色(烏賊色)，迎著光看起來被毛會閃閃發亮。

像羊一樣的鬈毛

塞爾凱克鬈毛貓

Selkirk Rex

又叫羊毛貓。一出生，鬍鬚和被毛都是捲捲的鬈毛貓。雖然同樣是鬈毛貓，但柯尼斯鬈毛貓（Cornish Rex）和德文鬈毛貓（Devon Rex）都是三角臉加上體型瘦長，賽爾凱克則是圓臉加上圓潤體型的鬈毛貓。

鬈毛貓的起源，是一隻誕生於美國的動物保育設施中，因為基因突變，所以鬍鬚和被毛都捲捲的，被取名為「狄佩斯特（DiPesto）」的母貓。品種名稱有人說源自於加拿大的塞爾凱克山脈，也有人說是配種者繼父的名字，也有人說是某條小河的名字，眾說紛紜，無法辨別真偽。

被稱為鬈毛貓起源的母貓，名叫「狄佩斯特（DiPesto）」，取名自電視劇《雙面嬌娃（Moonlighting）》的鬈髮祕書角色。

原產國	美國
體型	圓潤有肌肉
大小	中～大型
毛	蓬鬆濃密

招來幸福的泰國銀貓

科拉特貓

Korat

華麗的被毛，常被形容成「帶著銀色雲彩的灰藍」。和俄羅斯藍貓、沙特爾貓並稱藍貓御三家。愛心形的優雅頭部，8月誕生石橄欖石般的大眼，是在古書中也曾有記載的泰國原產品種。頭腦非常聰明，據說曾發生過主人不在家時，學會使用抽水馬桶，開心玩水的小故事。

原產國	泰國
體型	看起來很輕，實際上很重。
大小	中型
毛	蓬鬆柔潤的單層毛

在泰國被稱為「Si-Sawat」，擁有「幸福貓」之名，常做為特別的賀禮。

日本編劇向田邦子的愛貓，是在泰國一眼就愛上，所以帶回日本的科拉特貓。

將孟買貓抱在懷裡，來杯香檳加啤酒的雞尾調酒「黑色天鵝絨（Black Velvet）」如何？

迷你版的「黑豹」

孟買貓

Bombay

想要養隻「小黑豹」，所以讓緬甸貓與美國短毛貓交配育成的新品種。黑天鵝絨般的美麗被毛，金色或古銅色的眼睛，充滿神祕的魅力。名字是源自於以黑豹聞名的印度孟買（現名Mumbai）。隨著年齡增長，毛色會越來越黑亮。

原產國	美國
體型	看起來很輕，實際上很重。
大小	中型
毛	具有光澤，手感滑順。

波斯貓的起源眾說紛紜，據說以前的波斯貓體型比現在瘦長。

原產國	阿富汗
體型	意外的圓潤
大小	中型
毛	柔軟蓬鬆又華麗

請上貴賓席

波斯貓

Persian

該是貓界的國王、女王陛下登場的時候了。

第一次以獨立品種出現，是在1871年倫敦水晶宮舉辦的貓展。華貴的美麗被毛，扁鼻子的臉，穩重的個性，從很早以前就成為寵物貓，到現在一直受到大家的喜愛。

在日本最有名的是銀白金吉拉這種毛色的貓，但公認的花色有百種以上。黑色之類的單一色、虎斑色、三花（三毛）色等，色彩繽紛的姿態，充滿賞玩的樂趣。

脫去華麗被毛的波斯貓

異國短毛貓

Exotic

被稱為穿著睡衣的波斯貓，或是懶人養的波斯貓，是一種短毛的波斯貓。

和有著難以照顧、被毛豪華的波斯貓不同，異國短毛貓整理起來超級簡單，是一種就算生活忙碌也可以輕鬆飼養的貓。

從側臉看過去，額頭、鼻子和下巴成一直線，扁平的臉十分可愛。個性也和波斯貓一樣，不慌不忙很悠閒。

原本並不是特意要培育出短毛的波斯貓，而是偶然間誕生了這樣充滿魅力的短毛貓，於是公認成為新品種的貓。

照顧起來很簡單，把毛梳開就好了，清潔時也只要把眼睛周圍擦拭乾淨即可。

原產國	美國
體型	矮胖圓潤
大小	中型
毛	柔軟蓬鬆

是素顏的
波斯貓喔！
脫掉波斯貓
的長毛囉！

藍色眼睛，像暹羅貓一樣的波斯貓

喜馬拉雅貓

Himalayan

暹羅貓發胖了？不是喔！別搞錯了。因為想要擁有波斯貓華麗的被毛，又希望有著暹羅貓那樣的重點色和藍寶石一樣的眼睛，所以讓暹羅貓和波斯貓交配育成的品種。這是許多人辛苦的嘗試錯誤，花了很長時間研究配種出來的夢幻波斯貓。

和本家的波斯貓一樣，是不喜歡爬上窗簾，比較喜歡躲在窗簾底下，或是陪在人類身邊，悠悠哉哉、輕鬆度日的貓咪。叫聲相當溫和。

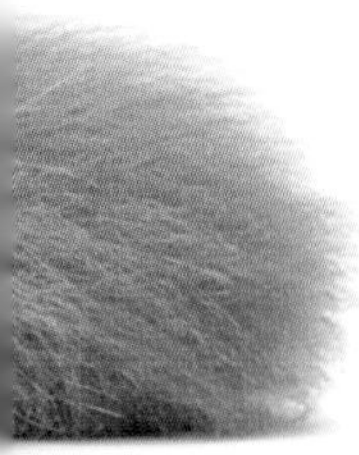

原產國	英國
體型	矮胖圓潤
大小	中型
毛	濃密蓬鬆

CFA在1957年將這種貓登錄為喜馬拉雅貓，但是2016年時則歸入波斯貓的一種。

「Burmese」這個名字，是從緬甸原名「Burma」而來。

金色的眼睛，絲綢般的被毛

緬甸貓

Burmese

看過一眼就不會忘記。圓圓的臉，金色的眼睛，絲綢光澤的被毛，很漂亮的貓。

這個品種的起源，是1930年由湯普森醫師（Dr. Thompson）從緬甸帶到美國，名為「王貓」的貓。這是和暹羅貓等其他貓交配所育成的品種。以前只有黑貂色的貓，不過現在香檳色、藍灰色、白金色等毛色也受到公認。愛整潔、親人，這樣的貓很多都很怕寂寞。叫聲十分秀氣。

原產國	緬甸
體型	圓潤
大小	中型
毛	蓬鬆柔順

黑貓俱樂部

接下來是問答題。

雜種貓、英國短毛貓、緬甸貓、孟買貓、賽爾凱克鬈毛貓、柯尼斯鬈毛貓、緬因貓、波斯貓、拉邦貓，這裡有九種貓。請猜猜牠們的品種。

能猜對嗎？喵～

2

2

7

1

4

在日本，黑貓是幸運的福貓喔！

黑貓是魔女的小精靈嗎？

2

3

4

答案：1. 米克斯　2. 英國短毛貓　3. 緬甸貓　4. 孟買貓　5. 賽爾凱克鬈毛貓
6. 柯尼斯鬈毛貓　7. 緬因貓　8. 波斯貓　9. 拉邦貓

豎高耳朵歡呼萬歲!?

美國捲耳貓

American Curl

向後捲起來的耳朵是美國捲耳貓的魅力所在。如果說蘇格蘭摺耳貓的耳朵是在鞠躬，這種貓的耳朵是在歡呼萬歲吧！

1981年美國加州的路加夫婦（Ruga）家裡來了一隻迷路的捲耳長毛黑貓「休拉米斯（Shulamith）」，就是美國捲耳貓的起源。

生下來雖然是普通的豎耳，幾天後便會往後捲曲，大概四個月後捲度固定。這個品種也有些貓會是豎耳，稱為美國豎耳貓。大多數都很親人愛玩，分成長毛和短毛兩個種類。

美國捲耳貓，會依照耳朵的捲度分成家貓、種貓、比賽貓等，人生(貓生？)各有不同。真是嚴苛啊！喵～

原產國	美國
體型	稍瘦
大小	中型
毛	蓬鬆柔順

充滿野性卻又親人

歐西貓

Ocicat

長得和美洲大陸的野生虎貓一樣美麗、充滿野性的貓咪。名字便是從虎貓的英文「Ocelot」而來。

但其實歐西貓一點野生動物的血緣也沒有，完全是想要育成阿比西尼亞貓外貌的暹羅貓時，偶然間配種出來，讓人開心的誤算結果。

看照片就能清楚知道，是喜歡追趕跑跳碰，活潑好動的品種。但大多數貓卻有著和野性外表不相符，相當親人的友善個性。

原產國	美國
體型	圓潤有肌肉
大小	中～大型
毛	濃密

因為與美國短毛貓配種的關係，毛色花樣變化相當多。

奇蹟的無毛貓

斯芬克斯貓

Sphynx

大大的耳朵，科幻電影的造型，皺皺的皮膚，圓圓的肚子，具有神祕感的無毛貓。雖說是無毛，但其實並不是真的沒有毛，而是像水蜜桃那樣薄薄的一層細絨毛。

因為身上沒有保護，所以怕熱也怕冷，必須注意溫度管理與紫外線防護。皮膚的皺褶會堆積皮脂，所以每天都必須清潔整理。

個性很好，很有精神又好動活潑，喜歡玩耍。一般都認為是飼養樂趣大過照顧辛苦的貓咪。

史蒂芬史匹柏導演的電影《E.T.》，據說就是以斯芬克斯貓為原型。像嗎？

原產國	加拿大
體型	稍瘦長
大小	中型
毛	觸感濕滑

只要養過
就會愛上。
很適合賢者或
妖精的角色。

藪貓（Serval）×家貓

熱帶草原貓

Savannah

非洲的野生貓科動物藪貓和家貓交配育成的品種，是充滿野性的混血貓咪。

和豹很類似的小頭，大大的耳朵，感覺有些浮腫的眼睛，長長的脖子和四肢，美麗的斑點花紋。超級野性的外貌，其實不太像貓，應該說是小隻的藪貓。是和熱帶草原貓這個名字很相配的貓咪。

運動神經非常棒，跳躍力也超厲害。個性主動積極，具有強烈的冒險心和好奇心。有些還會玩水或和主人一起散步。

熱帶草原貓是2001年由TICA登錄，不承認野生貓科動物配種的CFA並沒有公認。

原產國	美國
體型	四肢長，有肌肉。
大小	大型
毛	粗糙的上層毛底下有細密的底層毛

是妖精？還是外星人？

德文鬈毛貓

Devon Rex

獨特的長相，常被稱為「調皮搗蛋的精靈貓」、「貴賓貓」或是「外星人貓」。小小的三角臉、大大的耳朵、距離很寬的大眼。充滿肌肉的身體，被滑順觸感的波浪鬈毛所覆蓋。

原本是英國德文郡的野貓，因為基因突變而誕生的鬈毛品種。和同屬鬈毛貓的柯尼斯鬈毛貓，差別在於被毛的捲度不同。名字裡面的「Rex」，是從「Astrex」這種鬈毛兔而來。

原產國	英國
體型	纖瘦但充滿肌肉
大小	中型
毛	像麂皮一樣的觸感

德文鬈毛貓是不是很適合科幻電影？在《沙丘魔堡》或《超人》電影中似乎都曾出現。

埃及貓

與金字塔很搭配的美貓

Egyptian Mau

原產國　埃及（還有美國）
體型　肌肉型
大小　中型
毛　柔順有彈力

　聖甲蟲（在埃及被視為太陽神化身的聖蟲，和糞金龜同種。）斑紋的額頭、鵝莓綠的杏仁眼、純黑的上下眼線，和據說是家貓祖先的利比亞山貓類似的細緻斑點花紋。埃及貓和古代埃及壁畫上描繪的貓咪看起來很類似。

　原產於埃及的家貓，在美國完成育種。美麗的斑點花紋是天生，而非人為造成。雖然有著貴族般的外貌，但個性卻意外親人。

名字裡的「Mau」是古埃及語中貓的意思。現代埃及人使用的阿拉伯方言中，貓叫作「قطة（otta）」。

暹羅貓＋緬甸貓

東奇尼貓

Tonkinese

綜合暹羅貓和緬甸貓優點的混血貓咪。體型不像暹羅貓太過瘦長，又比緬甸貓小一些。像水貂那樣充滿高級感的被毛，臉和四肢、尾巴有著重點色，具有透明感的美麗眼睛，都是東奇尼貓的魅力之處。個性溫和穩重，雖然喜歡喵喵叫，但聲音比暹羅貓小。

名字的由來是取自越南的東京灣。因為配種的緬甸貓名字取自緬甸，暹羅貓名字取自泰國，所以東奇尼貓便取自同屬中南半島的越南。

美麗又溫和的夢幻貓咪。

叫聲溫和，希望育成不要太瘦的暹羅貓，經過嘗試錯誤最後終於完成的品種。

原產國	加拿大
體型	肌肉型
大小	中型
毛	絲綢般的觸感

拉邦貓

La Perm

蓬鬆柔軟的鬈毛

柔軟疏鬆的鬈毛正是魅力所在。不只是被毛的部分，包括鬍鬚、眉毛、耳內與耳尖的毛全部都是捲的。像是全身的毛都燙過一樣的時髦造型，所以取名「La Perm（燙髮）」。被稱為「貓界的貴賓狗」。

1982年，美國的農場誕生了一隻無毛小貓。過了幾個禮拜開始長毛，就變身成有著美麗鬈毛的貓咪了。基因突變的「鬈毛（Curly）」就是拉邦貓的起源。溫和又淘氣的個性很受喜愛。

一生中會有一段時間，通常是小時候，有時交配前的母貓會變成無毛。不過沒有關係，很快就會長出漂亮的鬈毛了。

La Perm 英文應該是寫作 The Perm 吧！

沒想到鬈毛整理起來頗輕鬆。

原產國	美國
體型	稍瘦
大小	中型
毛	蓬鬆有彈性

蓬鬆柔軟的鬈毛

曼基貓

Munchkin

跑啊跑啊，短短的腿可以三百六十度迴轉。轉彎控制力極佳，就像低底盤的跑車，跑起來像飛得一樣。

讓人想到臘腸狗的短腿，是因為基因突變而產生。從以前就會偶然間生出短腿的貓，不過曼基貓是1983年在美國路易斯安那州受到保護的短腿貓育成的品種，1995年經過TICA公認。

兄弟姊妹都是短腿嗎？其實也會生出長腿的小貓。有時候長腿的雙親也可能生出短腿的孩子。

Munchkin原本是《綠野仙蹤》裡矮人與矮人國的名稱。

原產國	美國
體型	意外的結實
大小	中型
毛	柔軟

雖然腿短，但是跑得很快。

短腿貓一族

介紹以曼基貓為主育成的品種。

曼基貓是所有短腿貓的起源。

曼基貓
Munchkin

從賽爾凱克鬈毛貓遺傳而來的鬈毛，是蘭普欽貓最大的魅力。這個品種已經獲得TICA公認。

蘭普欽貓名字裡的lamb是羔羊的意思。

蘭普欽貓
Lambkin

小步舞曲貓（拿破崙貓）

Minuet

華麗的被毛
是最自傲的
地方。

小步舞曲貓是以曼基貓為主，和波斯貓、喜馬拉雅貓、異國短毛貓交配後，才產生這麼華麗的被毛。受到 TICA 公認。

侏儒捲耳貓

Kinkalow

我有捲捲的
耳朵喲！

侏儒捲耳貓是和美國捲耳貓交配後產生的品種。TICA 公認為實驗中品種（experimental breed）。

月亮鑽石

暹羅貓

Siamese

瘦長的身體，藍寶石般的眼睛，是有名的經典品種。起源雖然不確定，但泰國從古時候開始，王公貴族便會飼養這種高貴的名貓。在泰國，大家會稱讚暹羅貓就像「月亮鑽石」般美麗。

1871年在倫敦舉辦的貓展曾留下出場記錄。暹羅貓要求很多，喜歡講話，這是因為牠們很聰明。

叫聲大而尖銳，所以要養的話，隔音要做好。「賽阿米斯」是暹羅貓的英文讀法。

原產國	泰國
體型	瘦長柔韌
大小	中型
毛	絲綢般的觸感

迪士尼動畫電影《小姐與流氓（Lady and the Tramp）》中的雙胞胎壞貓，名字分別是「Si」和「Am」，合起來就是暹羅貓的英文「Siam」。

換了衣服的暹羅貓

東方貓

Oriental

體型和暹羅貓一樣，只是脫掉了暹羅貓的單一毛色，花樣非常多彩自由。什麼顏色的被毛都可以被承認是東方貓。

雖然被毛不同，但本質上還是暹羅貓。牠們的臉部表情冷靜，其實是喜歡講話和玩耍，怕寂寞的貓咪。想要引起你的注意，但不高興就會鬧彆扭，這樣的個性也是相當惹人喜愛，具有魅力。運動量大，叫聲也大，所以飼養的話，必須準備合適的環境。此外，並非只有瘦長體型偏短被毛的品種，也有優雅的長毛品種。

遙羅貓和東方短毛貓的個性都很纖細，不過讓人意外的是，這些貓有很多都很長壽。

原產國	英國、美國
體型	瘦長柔韌
大小	中型
毛	絲綢般的觸感

電棒燙的美人

柯尼斯鬈毛貓

Cornish Rex

原產國	英國
體型	瘦長有肌肉
大小	中型
毛	天鵝絨般柔軟滑順

身體瘦長，擁有像漣漪一樣的小波浪美麗鬈毛。四肢修長，前腳比後腳短，屬於高腰體型。有些人會聯想到靈緹犬。從鬍鬚、眉毛到全身，通通都是鬈鬈的毛。除了黑色之外，也有其他許多不同種類的毛色。

起源是1950年在英國康瓦爾郡（Cornwell）出生的一隻名叫「卡利邦哥（Kallibunker）」的貓。玩耍的時候充滿活力，運動量很大，如果要養的話，必須要有非常足夠的遊玩空間。這種貓多半不太能跟其他的貓相處。

和同為鬈毛貓的德文鬈毛貓，因為鬈毛的基因不同，所以無法配種。

瘦貓俱樂部

斯芬克斯貓

東方貓

斯芬克斯貓

異國短毛貓

現在人比較喜歡胖胖貓，不過我們也可以試著欣賞一下充滿肌肉美，體型瘦長、肌肉漂亮的貓。

雖然沒辦法跟胖胖貓一樣毛茸茸，摸起來很舒服，但可以和瘦貓一起跑跑跳跳、向前衝刺，進行「貓咪健身訓練」也不錯。

反向進口的日本美人

日本短尾貓

Japanese Bobtail

名字裡的 Bobtail 是「短尾」的意思。捲成一球，看起來像彩球一樣的尾巴，使這種貓深具魅力。這是把原本在日本的貓，帶到美國去配種育成出的品種，不是歸國子女，而是歸國和貓的身分。雖然強調了在浮世繪中出現的那種「日本短尾貓」的特徵，但其實是已經美國化的貓咪。

適應力很好，健康問題少，清潔整理也容易，是照顧起來很輕鬆的優秀品種。

日本短尾貓因為具有亞洲風情，所以很受歡迎喔！

招財貓和我不一樣，長尾的貓比較多。

原產國	日本
體型	瘦長
大小	中型
毛	觸感柔順

原本在日本應該很普通的
「日本貓」，現在有絕跡的
危險，因此開始疾呼保育。
不能和日本犬一樣被列為
天然紀念物嗎？

用腳尖走路的紅色貴婦

阿比西尼亞貓

Abyssinian

華麗的跳躍，優雅的台步，有氣質的溫和叫聲。感覺像是客廳裡的美洲獅那樣，瘦長健美又雅緻的貓

電影《101忠狗》中出現的提布斯中士(Sergeant Tibbs)，據說就是阿比西尼亞貓。

咪。每一根毛都有濃淡漸層，隨著動作和角度不同，光影會產生微妙的毛色變化，讓阿比西尼亞貓的美麗被毛更多了一層魅力。

起源眾說紛紜。根據最近的研究，應該是出現在東南亞，但品種育成則是在英國。名字是由衣索比亞（原名阿比西尼亞）而來。

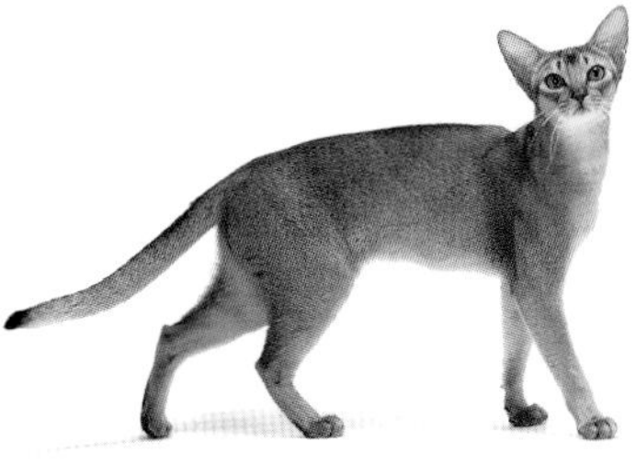

原產國	眾說紛紜
體型	瘦長有肌肉
大小	中型
毛	蓬鬆柔順

華麗版的阿比西尼亞貓

索馬利貓

Somali

由偶然間出生的長毛阿比西尼亞貓育成的品種。雖然充滿野性，卻又外表高雅，有著埃及豔后的眼線，芭蕾女伶般的輕巧步伐，鈴鐺那樣的溫和叫聲，都和阿比西尼亞貓一樣。

雖然名字由來是索馬利亞，但品種卻是加拿大出身。阿比西尼亞貓是取自阿比西尼亞（衣索比亞的原名），所以索馬利貓是取自阿比西尼亞鄰國的名稱，這算是大家津津樂道的常識。毛色除了像照片上的淡紅色（ruddy）之外，還有灰藍（blue）、淡黃褐（fawn）等顏色。

據說有會開窗子、玩水龍頭和撿球遊戲的索馬利貓。

原產國	加拿大
體型	瘦長有肌肉
大小	中型
毛	蓬鬆柔順

翡翠的微笑

俄羅斯藍貓

Russian Blue

翡翠綠的眼睛，絲綢般的灰藍被毛，比例均衡、身體柔韌，是充滿高雅氣質的品種。上揚的嘴角，看起來就像在微笑，具有「俄羅斯微笑」之稱。

幼貓時尾巴等部位會有虎斑花紋，要花上兩、三年的時間才能長成華麗的灰藍被毛。

被毛濃密，因此相當耐寒，冬天也充滿活力。雖然是乖巧又叫聲溫和的貓咪，但是似乎很怕生。

有時候會和沙特爾貓搞錯。眼睛顏色和體型都不一樣，可以比較看看喔！

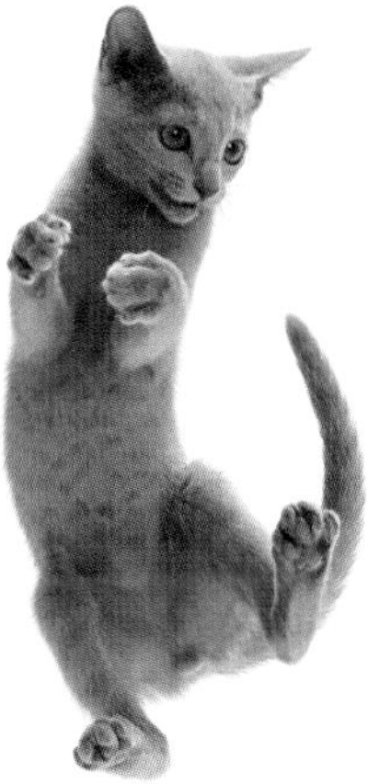

原產國	俄羅斯
體型	瘦長有肌肉
大小	中型
毛	蓬鬆柔順

歷史悠久的品種

土耳其安哥拉貓

Turkish Angora

絲綢般光澤、細緻柔軟的被毛，非常優雅的貓咪。起源眾說紛紜，不過確定歷史相當悠久。受到土耳其安卡拉動物園保育的「安哥拉」貓，帶到美國後計畫配種育成的品種。

個性的評語是「親人」、「討厭孤單」、「自由奔放」、「腦筋靈活」。運動神經極佳，是體育系的貓咪。

原產國	土耳其
體型	瘦長
大小	中型
毛	絲綢般柔順

土耳其的首都安卡拉（原名安哥拉），是和這種貓一樣有著絲綢般被毛的安哥拉兔和安哥拉羊的故鄉。

傳說中在凡湖游泳的貓

土耳其凡湖貓

Turkish Van

「貓居然在玩水！」

和一般貓討厭水的常識相反，是傳說中的貓咪。被毛有防水功能，所以下水也沒關係，據說是非常會游泳的貓。

20世紀中期，到土耳其旅行的英國人在湖裡發現會游泳的貓。把這種貓帶回英國後，就成了世界聞名的品種。名字取自土耳其的「凡湖」，是從很久以前就住在土耳其山區的貓咪。

原產國	土耳其
體型	肌肉健壯
大小	又大又長
毛	絲綢般柔軟且防水

貓討厭水嗎？
我例外。

半長毛的貓，夏天是短毛，冬天是長毛。

像填充娃娃一樣的貓

布偶貓

Ragdoll

讓你完成「想要緊緊抱住蓬鬆柔軟的大貓咪」這樣的美夢，體型和心胸都很寬廣的品種。

雖然不喜歡人抱，但卻會放鬆身體任人宰割，是名副其實的「布偶貓」。配種的詳細狀況不明，不過應該是想要育成溫柔美麗的貓咪吧！

個性悠哉平和，所以比起活動力強的貓，更適合想要飼養療癒系貓咪的人。眼睛是藍寶石色。被毛需要兩、三年的時間才會長齊。

在美國，所謂的Ragdoll布偶，是一種經典款式的娃娃。

原產國	美國
體型	肌肉健壯
大小	大型
毛	蓬鬆柔順的長毛

大器晚成
的貓咪。

我是布偶貓！

貓是愛睡覺的孩子？

夏天在涼風吹過的走廊上看書，冬天喜歡窩在溫暖的地方，總之就是在家中的「今日貴賓席」上滾來滾去。

人類大概每天睡眠8小時，活動16小時，貓剛好相反。而且人類是晝行性，貓是夜行性，所以人類才會覺得貓一直都在睡覺吧！

因為貓一直都在睡覺，所以稱為「寢子（日文發音 neko，剛好就是貓的日文）」嗎？翻開《廣辭苑》（日本有名的國語辭典）一查，結果是「貓的叫聲擬音，加上尾語詞綴 ko 而成的詞」。所以其實應該是「nya～ko」囉？

＊語源其實眾說紛紜。

藍寶石的傳說

伯曼貓

Birman

神祕的藍寶石眼睛，像是戴了白手套、穿了白襪子的可愛貓爪。絲綢般的被毛，不會過長、過厚，柔軟又滑順，摸起來觸感超級舒服。雖然是圓臉，但鼻子不扁，鼻梁很挺。伯曼貓的特殊毛色和白色貓爪，要長大一點才會比較明顯。個性相當溫和穩定。

起源有好幾種說法。其中有人認為，是緬甸自古以來的「聖貓」，被帶到法國之後育成的品種。

原產國	緬甸（法國？）
體型	肌肉健壯
大小	中～大型
毛	蓬鬆柔順

守護臨終主人的貓咪，產生了「女神的奇蹟」。這就是伯曼貓美麗姿態的起源。

大貓才是美貓

緬因貓

Maine Coon

有著「Gentle Giant（溫柔巨人）」暱稱，純種貓中體型最大的品種。直接翻譯名字的意思是「緬因州的浣熊」。的確是和浣熊一樣，有著很大把的尾巴。絲綢般的被毛有防水功能，耳朵上長了叢毛（裝飾毛），大大的貓爪也有叢毛。

據說緬因貓不是經過人為配種育成，而是自然產生的品種。大部分都很聰明，個性溫和且穩定。被毛需要三到五年的時間才能長齊。

原產國	美國
體型	長身健壯
大小	大型
毛	蓬鬆柔順

世界上身體最長的貓，是住在美國的緬因貓，有123公分長。

孕育在西伯利亞的大自然中

西伯利亞貓

Siberian

長大成熟，華麗被毛長齊，需要五年的時間。

在嚴酷的西伯利亞大自然中鍛鍊出來，極寒地帶的硬漢。龐大的身軀，加上厚實濃密、毛茸茸的三層被毛，看起來更形魁梧。個性機敏勇敢，幫助人類執行捕捉老鼠或替代看門犬的工作。

日本311震災時，為了俄羅斯援救受災地，秋田縣贈送秋田犬給俄羅斯，普丁總統的回禮就是西伯利亞貓。之後，西伯利亞貓就在日本出了名。個性成熟穩重，充滿知性。

原產國	俄羅斯
體型	肌肉健壯
大小	大型
毛	毛茸茸

森林裡的夢幻精靈

挪威森林貓

Norwegian Forest Cat

能夠適應大自然嚴峻考驗的北歐美貓，是挪威的國貓。厚實的防水被毛，像穿了雪靴一樣的貓爪，毛茸茸的長尾巴，龐大強健的身體，在雪地生活毫無問題。獵食的技巧據說也是非常高明。

雷神索爾原本想帶走，但因為太重了所以帶不走的貓、幫美與豐饒女神芙蕾雅拉戰車的兩隻大貓，都被認為是以挪威森林貓為主題的北歐神話故事。

原產國	挪威
體型	肌肉健壯
大小	大型
毛	軟綿綿

雖然非常耐寒，但無法
忍受夏季的高溫潮濕。
要小心預防中暑。

可愛貓咪俱樂部

挪威森林貓中有很多美少女和美男子，在這裡我們特別精選了超級可愛的照片。

要用挪威的名字「Skaukatter（森林的貓）」來稱呼？還是跟美國人一樣叫牠「Weegie」呢？

華麗的被毛要長齊必須花三年的時間，我還早呢！

充滿野性的姿態

孟加拉貓

Bengal

亞洲南部森林分布很廣的野生石虎與家貓交配育成的品種。充滿野性的外表，比例均衡的肌肉體型，還有就是超絕的美貌，是孟加拉貓的魅力所在。

現在的孟加拉貓，個性和長相跟石虎一點都不像。謹慎配種的結果，品種的個性已經變得穩定而親人。不過身體能力還是很強，所以運動量必須足夠。許多愛貓團體都公認了這個品種，但是 CFA 尚未公認。

原產國	美國
體型	圓潤有肌肉
大小	大型
毛	柔順

石虎在日本的動物園
也可以看到。此外，
西表山貓和對馬山貓
是石虎的亞種。

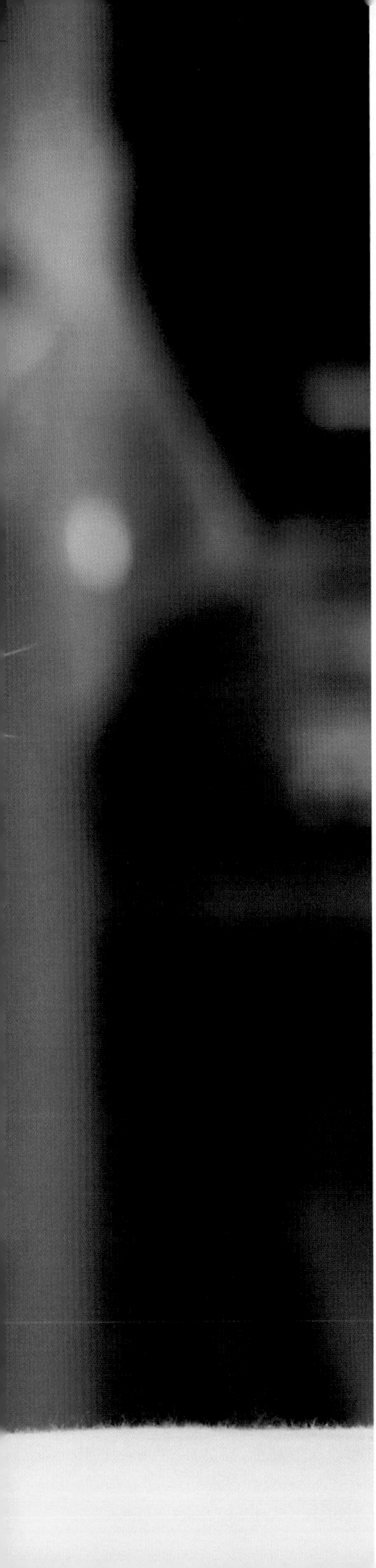

我是貓～

米克斯

Mix

沒有血統書的貓，通常稱為米克斯（雜種貓）或家庭寵物。

即使沒有血統書，貓還是貓，是我家的貓，是可愛的貓。米克斯不管在哪個地方，都是最多人飼養的貓咪。純種貓，如果追溯歷史源頭，其實原本也是無名貓。

純種貓需要講究是否符合一定的外型標準，但米克斯就不用管那麼多。優遊自在，沒有什麼遺傳基因上的問題，身體健康。長大以後究竟會變成怎樣的貓呢？這又是一種令人期待的樂趣。

其實貓展上也有「家庭寵物」的比賽級別，讓愛貓可以展現出自然的魅力與自由的帥氣。

《我是貓》的結局

「是貓啦是貓啦♪」

《我是貓》是很有名的小說，但最後結局是怎樣呢？

主角是一隻覺得啤酒很苦喝不下去的貓，但也許這次覺得很好喝吧，就把啤酒全部喝光：

「好想唱歌啊！好想跳『是貓啦是貓啦』的舞啊！（中略）最後搖搖晃晃的站起來，起來以後變得步履蹣跚。這還真是有趣，好想出去走走呀！想要出去和月亮打個招呼哪！」

然後，腳滑了一下，就跌進大水缸裡了。口裡唸著南無阿彌陀佛，就這樣莫名其妙的溺死了。喝啤酒以後，不管是人還是貓，都要小心腳步啊小心腳步。

Chapter 3

貓咪大人的祕密武器

Q彈的忍者足袋襪「肉球」、
帥氣的高感度偵測器「鬍鬚」、
方便的自動回應裝置「尾巴」等等，
如果買得到，當然要入手。
讓人欣羡的各式武器，讓我們一起來看看吧！

Q彈Q彈

①無聲腳步的武器

肉球禮讚

貓咪大人最厲害的武器，當然是肉球。很難克制想要觸摸的衝動，是非常可愛的部位。

Q彈的肉球，是腳步無聲的必要武器。肉球的避震效果能夠吸收各種衝擊，讓貓咪走路靜悄悄。

如果按壓腳趾的肉球，便會伸出像刀子一樣的貓爪。爪子可以隨著貓咪的心情自由收放，靜靜等待獵物出現，一鼓作氣撲上去的瞬間便會伸出爪子。

肉球觸感柔嫩，是因為流汗的關係。貓只有肉球上有汗腺，汗水可以讓肉球具有止滑功能，同時還是氣味的標記。也就是說，腳趾間臭腺的分泌物與汗水混合後，只要走過去，自己的體味便會殘留在腳印上。

雖然肉球的顏色和毛色濃淡相關，不過也是有例外。想知道肉球顏色，可以看貓咪的鼻頭。事實上，鼻子和肉球是同樣的顏色。

此外，大家知道「肉球味乳霜」這種東西嗎？不是給貓，而是給人類使用的。這種東西到～底是要幹嘛呀！實在是很想吐。但對肉球癖的人來說，完全不用任何理由。也許塗上這種乳霜之後，就可以跳躍到貓的世界裡吧！

小貓的肉球就和人類小嬰兒的皮膚一樣柔嫩，長大以後會稍微變得粗糙。

②可能的話一定要入手的武器

魅惑的尾巴

尾巴，是能夠幫助平衡，很實用的武器。尾巴裡面有骨頭也有神經。因為有尾巴的幫助，貓咪可以在圍牆上奔跑，在屋梁上也可以走得穩當，不會掉下來。所以短尾貓比不上長尾貓嗎？

家貓的祖先利比亞山貓尾巴很長，古代埃及壁畫上的貓也有著長尾巴。尾巴基本上都是長的，短尾或無尾是基因突變所造成的現象。

但是短尾貓或無尾貓，被人類飼養的話應該不會有什麼不方便，反而人們會覺得這種尾巴很稀奇、很可愛，所以好好照顧牠們。

日本的浮世繪上出現短尾貓是在江戶時期（1603年〜1868年）。因為江戶時期很多人養短尾貓，所以和關西地區（大阪府、京都府等）比起來，現在關東地區（東京都、神奈川縣等）的短尾貓比較多。

整條尾巴甩來甩去，或是只有尾巴尖端擺動，或是突然豎起來，又或者像瓶刷一樣往外蓬起……。尾巴的樣貌會隨著貓咪的心情改變。叫聲傳達不出的心情，可以從尾巴的狀態看出來。

呼喚名字卻不回頭，但是揚起尾巴也算打了招呼。這樣的武器，真是讓人想要啊！

③高性能的實用武器

鬍鬚考據

貓咪的鬍鬚，用途不是裝飾好看，也不是威嚇敵人。鬍鬚是貓咪在黑暗中動作時，可以輔助行動，非常優秀的感覺器。這是一種「運用觸覺來認知」的探測器，從狹小的洞口或縫隙伸進去，馬上就可以判斷情況。

此外，鬍鬚做為可以偵測空氣流動的天線，是能夠讓貓咪掌握獵物與周圍狀況的工具。

鬍鬚的正式名稱叫作「感覺毛」。和其他體毛相較，是從較深層的皮膚長出來，只要有些微的刺激便會產生感覺，將資訊放大傳達到大腦。

鬍鬚會換毛，所以很少能夠全部長齊，但基本上是24根。臉上有好幾個地方會長，眼睛上方、臉頰、下巴等都有好幾根。還有，仔細觀察的話，會發現身上也有一些感覺毛。

貓咪的鬍鬚不需修剪，應該說是絕對不可以剪掉。

「啊～那個，到底是什麼啊？」嘴巴兩旁的鬍鬚是可以自己動作的。看到逗貓棒的話，你看你看，鬍鬚就會飄到前面喔！

④不可以小覷的武器

驚人的貓舌頭

貓咪的舌頭除了味覺之外，還擁有其他許多功能。被貓咪舔過，會有砂紙般粗糙的感覺。這種刺刺的感覺是由角質化的味蕾所造成。堅硬的突起，像刀叉一樣撕開獵物的肉，然後吃得乾乾淨淨。

喝水的時候，舌頭也會幫忙。大家比較熟知的，是像湯匙那樣用舌頭把水舀起來喝，但其實還可以把舌尖捲起來裝水，噴出水柱來喝。拍下這種喝水的影像，放給從事貓咪相關工作的人看，他們也嚇了一跳。喝水的方法，似乎每種貓咪都不太一樣。此外，貓咪對水的味道也相當敏感，可以說是品水達人第一名。

舌頭是整理體毛不可或缺的工具。身體當然不用說，從肉球的縫隙到屁股，都會用舌頭仔細舔過來清潔。消除體味也是貓咪潛伏狩獵時一定會做的事。有時候想要輕鬆一下，或是失敗之後裝沒事，也會舔毛。

「貓舌頭」指的是「怕燙」。其實不是只有貓，要是人類以外的動物，吃的東西大概都是以獵物的體溫為上限。唯一不是貓舌頭，可能只有從小就受到訓練的人類舌頭不受此限制吧！

狗喝湯或喝水的時候會發出嘖嘖的聲音，但貓咪卻很安靜。說到餐桌禮儀，絕對是貓咪獲勝。

被毛乾淨的話，可以提高保
暖效果。熱的時候用唾液沾
濕了，則會感覺比較涼爽。
被毛其實也擁有很多功能。

⑤貓咪大人具有夜視功能的武器

貓咪的眼睛

「往上看，往下看，轉一圈變成貓咪的眼睛。」圓圓的眼睛或是杏仁形的眼睛，只要是貓咪的眼睛，都擁有很厲害的能力。

人的眼睛和貓的眼睛最大的差別，在於瞳孔張開或縮小時，進入眼睛的光線量調節能力，以及貓的眼睛有著照膜這層薄膜構造，可以反射進入眼睛的光線，進行增幅。也就是說，只要微弱的光讓照膜增幅之後投影在視網膜上，就能發揮最大作用，在黑暗中也能行動自如。但是，如果一片漆黑的話就沒辦法了。

藍色眼睛的白貓，據說耳朵不會有聽力。

因為是會狩獵的動物，所以動態視力也是一級棒。據說厲害到甚至能以停格的方式觀看電視影片。不過，一般視力就比人類要低上許多。

瞳孔的大小，不只是根據光線明暗，還會依照心情與興奮程度來變化。感覺到放鬆的幸福時刻，或是發現獵物的興奮時刻，瞳孔都會睜得很大。

眼睛的顏色是由麥拉寧色素決定。麥拉寧色素多的會呈現類似古銅色，少的會變成藍色。貓咪的祖先利比亞山貓的眼睛是黃綠色或金色，馴化讓人類可以開始飼養之後，才出現藍色，然後出現了各式各樣的顏色變化。有人說眼睛顏色不同，個性也會不同。應該可以調查看看是不是果真如此？

眼睛的顏色很多。右下照片是左右眼睛顏色不同的「雙色瞳」，在日本稱為「金銀妖瞳」。

貓咪身體Q&A

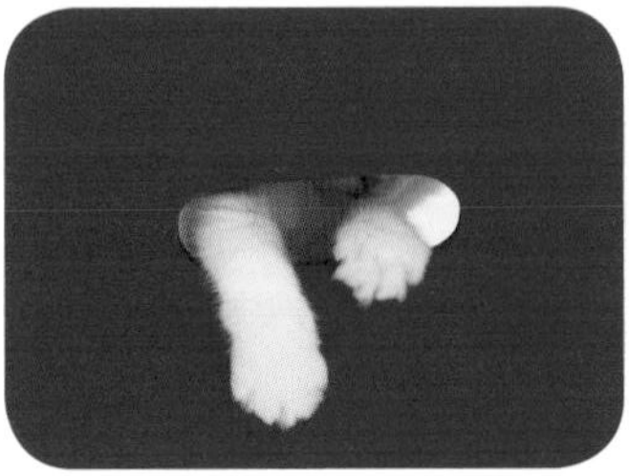

貓耳的性能？

其實貓的聽覺非常靈敏，尤其是高頻的聲音聽得特別清楚。成貓的聽覺範圍一般是五萬赫茲，人類大約兩萬赫茲，所以牠們可以聽到人類聽覺兩倍以上的高頻音域。老鼠的私語也逃不過貓咪的耳朵。此外，像碟型天線一樣的耳朵，動一動就知道聲音來源的正確方位。

哺乳期間的聽覺更是敏銳。出生後第三週的小貓，聽覺範圍是十萬赫茲，貓媽媽是八萬赫茲。小貓看過來，嘴巴一開一闔但沒有出聲，搞不好是用人類耳朵聽不到的超音波在講話。貓媽媽在哺乳期結束後，這種特殊聽力就會變回普通範圍。

貓的嗅覺？

狗的嗅覺很有名，但貓的嗅覺也很厲害！貓其實不是用眼睛觀察世界，而是用鼻子做出各種判斷。食物一開始是先聞味道，接著用舌尖確認後才吃。

為什麼貓的嗅覺不像狗一樣廣受討論，是因為貓無法進行嗅覺實驗。狗可以訓練成聞到味道便發出叫聲，但是貓沒那麼容易配合實驗。

貓也有指紋嗎？

貓的肉球上沒有指紋。擁有指紋的動物，只有包含人類在內的靈長類而已。不過，貓的鼻子上有所謂的「鼻紋」。和指紋一樣，每一隻貓的鼻紋都不相同。牛之類的動物也登錄有這種鼻紋。貓如果要使用ATM的話，應該就是要用鼻紋來認證吧！

三毛貓都是母的嗎？

根據染色體的研究，三毛貓理論上全部都是母貓。但很不可思議的是，大概三萬隻貓裡面，會出現一隻公的三毛貓。雖然有各種說法認為應該有公的三毛貓存在，但實際調查結果，能夠做為研究對象的公三毛貓幾乎沒有，無法進行檢證，現在還是只能猜測。

貓咪的身體充滿謎團？

因為沒那麼容易配合實驗的，才是「貓咪」呀！

Chapter 4

貓咪在我家

「什麼事啊喵～」
強硬的大叔，高冷的美女，
都會變成喵喵喵的聲音，
這就是貓的魅力、貓的魔力。
只要視野裡有貓咪，
不知為何時光的流逝方式就會變得不一樣。

貓的成長

貓咪的一生

雖然人類說「三歲看老」，但要長大成人卻需要花上大概二十年的時間。貓大約三個月的時候還是幼兒園小朋友，兩歲的時候就是很可靠的大人了。

嬰兒～幼貓

剛生下來還只有手掌大，眼睛看不見，耳朵也聽不到，但是會尋找媽媽的乳頭，開始吸吮母奶。

乳貓喝了母奶就會長得很快。用前腳撫摸母貓乳房的動作，到了成貓還是會有這個習慣，跟主人撒嬌時的動作也一樣。大小便無法自行解決，貓媽媽會舔小貓的肛門促進排泄。剛生下來的小貓，眼睛被稱為「小貓藍（kitten blue）」，是一種很特別的藍色。但是長大後藍眼睛就會變成綠、古銅等各種顏色。因為貓長得很快，所以滿三個月前就要好好訓練才行。

第2天

臍帶還沒掉，眼睛也還沒睜開。

←

第11天

臍帶自然掉落，大概在第 10 天睜開眼睛。

貓的乳房通常有四對，可以給八隻乳貓喝。有時候會出現一些乳頭個數多了或少了的貓。

第48天

離乳完成，也會自己上廁所，玩耍起來變得活潑了。

第21天

長牙。歪歪倒倒的走路真可愛。

成貓～老貓

性別、品種會有差異，個體上也有不同，不過大約出生後半年到一年會發育成熟。另外有些品種即使發育成熟了，要長全被毛還需要好幾年的時間。如果沒有想要繁殖，最好讓牠們結紮。

發情期主要在春秋兩季。母貓發情後會散發氣味，聞到的公貓也會發情。母貓是交配時才會排卵，所以有可能同時在肚子裡的小貓，父親卻不同。懷孕期約2個月。

貓的壽命不短，平均大約15年。（根據寵物食品協會公布的統計，完全飼養在室內的貓平均壽命是16年，會外出的貓的是13.2年。）活到20歲以上的長壽貓並不少見，但因為活得久，所以會發生肥胖、痴呆等狀況。老貓的照顧是我們今後需要面對的課題。

基礎貓語

真想了解貓的心

雖然可能有貓能夠完全聽懂人類的語言，但畢竟貓還是不會說人話。人類可以學一些簡單的貓語，讓自己離貓的世界更近一點。

首先，確認情緒模式

貓的情緒會在「小貓模式」、「成貓模式」、「家貓模式」和「野生模式」中來回切換。這是多重人格嗎？嗯，差不多就是這麼回事。

如果先判斷目前處於哪種模式，大概就可以了解貓咪們謎樣的行為了。

耳語

可以觀察耳朵的角度。如果是豎起來幾乎可以看到耳朵裡面的話，是「心情普通」。

「緊張度」升高的時候，耳朵會慢慢下垂。「完蛋了」，耳朵則是完全貼著頭部，身體也縮得小小的。這個時候如果伸手去摸牠，可能會被暴走的貓咪攻擊。

嗄！靠近我就打你喔！

尾語

尾巴無法隱藏現在的心情。振奮的搖著尾巴的時候，其實並不是在高興，而是焦急。

呼喚牠的名字，如果尾巴末端微微一搖，就是用成貓模式回答「好啦好啦」。

尾巴豎直則是小貓模式表達親愛的證據。如果想更撒嬌的話，會在你身旁磨來磨去，豎起的尾巴也會微微的搖動。

來玩喵～
露出肚子朝上，往這邊看。

毫無防備的大叔坐姿。

會說貓語的話就世界和平了。
如果貓開始說人話，人類世界絕對會嚇到死吧！

雖然背對著我，但耳朵可是朝著我們喔！

尾巴整個炸開，代表「超吃驚」，或者是「怒火中燒」，和人類會起雞皮疙瘩是同樣的道理。仔細觀察，這時貓身上的毛也會豎立起來。

害怕的時候，尾巴會夾進兩腿之間。

辨認聲音

想要你幫忙的時候，會用拜託的口氣說「喵嗚~」或是「咪呀~」。有什麼話想說的時候也是這樣叫。

明快短促的「哪呀」是在打招呼。大聲響亮的「哪~喔」是發情期尋求異性的叫聲。

「嗄~」是要威嚇對方的叫聲，超低音的「嗚~」也是一樣。

「呼嚕呼嚕」

受到撫摸時會發出呼嚕呼嚕的聲音，代表「好舒服喔！再久一點」。不只是滿足的時候，拜託的時候也會發出呼嚕呼嚕的聲音。不過，身體不舒服時也會呼嚕呼嚕，所以必須注意。

獅子和貓一樣，喉嚨都會發出呼嚕呼嚕的叫聲。另外一提的是，老虎感到滿足的時候，不是發出呼嚕呼嚕，而是「呼呼……」的聲音。

用親親來打招呼。

瞌睡打到忘記把舌頭收進去。

磨來磨去

磨來磨去是愛情的表現？其實還有更深層的情緒。臉部和身體的臭腺會發出自己的味道，把這個味道沾染到對方身上，宣示所有權：「這裡是我的喔！這是我的東西。」當然，討厭的人或地方就不會磨來磨去。

用做鬼臉的表情緩和緊張情緒。

貓的嘆息

貓也會嘆氣。是有什麼煩惱的事嗎？其實不是。是在集中精神暫停呼吸之後放鬆了，所以「呼~」的一口氣吐出來。貓是用鼻子來嘆氣，這點和人類不一樣。

貓式做法

與貓生活的心得

要怎樣才能和貓相處得愉快呢？這時候就需要貓流的心得。

請放棄「貓需要訓練」這種想法

貓原本就是獨自狩獵、獨來獨往的動物，不像狗是群居的動物。這樣的貓咪，不可能強迫牠們配合人類的習慣或是規矩。硬要訓練的話，不但貓很可憐，負責訓練的人也會壓力很大。

比較簡單的做法，是由人類來配合貓咪。所謂養貓，其實指的反而是被貓訓練，不過當然不可以讓貓踩在你的頭上。

教養就交給母貓吧！規矩好的媽媽，多半會教出規矩好的小孩。

與其責備牠不如「轉移注意力」

如果責備調皮搗蛋的貓，貓只會覺得「討厭，好可怕喔」，並無法理解到「對喔，我不可以做這種事」，而且這樣只會破壞彼此間的信賴關係。

不想讓貓去的地方，就盡量不要讓貓靠近，也可以弄成讓貓過去了會覺得無聊的樣子。最重要的就是要下工夫去轉移貓的注意力。

尊重貓的價值觀

貓究竟在執著什麼，這對貓來說究竟有什麼意義。如果能理解的話，和貓之間的距離會一口氣縮短很多。

要讓貓喜歡就是「不要做貓會討厭的事」

要讓貓覺得「來克服討厭的東西吧」或是「忍耐一下，前面就是康莊大道」，無異是緣木求魚。貓基本上一定會選擇讓自己心情好，過得比較輕鬆的方式，所以我們也要盡可能避免貓討厭

的事情。雖然也有喜歡奇怪事物的貓，不過那就是牠獨特的個性。

貓喜歡和討厭的類型

比起吵鬧的人，貓比較喜歡安靜的人。貓喜歡的是，會考慮貓的情緒，能夠安心待在對方身邊的人。不太能忍受太大或吵鬧的聲音，所以也不喜歡衝來衝去嘰嘰叫的小孩。另外，據說比較喜歡女性高頻的聲音，更勝過低沉的聲音。

和貓親近的方法

不要刻意去接近，稍微用逗貓棒裝作沒事去逗弄一下，願意讓你靠近的話，就可以順利玩在一起了。熟悉之後，可以搔搔下巴附近比較不會防備的地方。如果能夠進展到幫牠梳毛，就算是和這隻貓非常親近了。

要注意的是，不要興匆匆的想去玩貓，這樣貓會離你遠遠的。

貓的常識與非常識

「貓就是要吃魚」

銜著魚逃走算是貓的代表形象，對日本人來說，貓愛吃魚是一種常識。但這只有在海產豐富的國家才適用。在不太吃魚的國家，他們的貓吃的是肉，而不是魚。

「貓和老鼠」

雖然說貓來到人類家中的契機，是因為捕捉老鼠這項專長。但現代的貓在家中的工作，是成為家族的一員，撫慰人類的心。也有從來沒看過老鼠，甚至害怕老鼠的貓。貓和老鼠之間的關係，以後究竟會變成怎麼樣呢？

貓的過敏源

這裡說的不是人類對貓過敏的現象，而是貓會對各式各樣物質過敏的狀況。花粉、狗，還有人類的皮屑，都可能是貓的過敏源。

貓如果對人類過敏的話怎麼辦？可以詢問醫生，抑制過敏現象之後還是可以在家中一起生活。

貓的運動會

晚上人類睡覺以後，有時貓會突然奔跑起來，通稱「貓的運動會」。這並不是什麼特別的狀況，貓原本就是夜行性動物，到了晚上就是牠們的活動時間。

貓又（貓怪）的分辨方法

貓年紀大了以後，會變成尾巴分岔成兩半的貓怪「貓又」。這是在《徒然草》中記載的故事。

「會自己開和室紙門的是聰明的貓，會自己開和室紙門，又把門關上的是貓又。」這是很久以前傳下來，真正能夠分辨貓又的方法。我家的貓說不定是……有這種疑慮的話，可以觀察看看。

如何使用逗貓棒

深入認識「逗貓棒」

如果學會使用逗貓棒，不只是自家養的貓，甚至別的貓咪都可能和我們親近。逗貓棒的用法非常深奧，也許在貓咖啡店好好磨練一下技巧會是不錯的做法。

逗貓棒技巧 基本1

基本上是模仿獵物的動作，譬如老鼠、鳥類、蟲子等，引起貓的注意。

攝影時借來了很多不同的逗貓棒，其中也不乏逗貓棒職人製作的產品。

選擇逗貓棒

每隻貓都有自己的喜好，不一定只喜歡豪華的逗貓棒。

逗貓棒技巧
基本2

在熟練模仿獵物動作之後，可以挑戰引起貓咪興趣的動作。

逗貓棒技巧
應用

將基本的技巧組合起來，自由的讓貓隨著逗貓棒動作的話，就取得合格證書了。

在狹小空間中拍攝貓咪，需要非常高超的逗貓棒技巧。攝影助手陽子小姐(攝影師的夫人)，她的逗貓棒使用技巧真是出神入化。

結束儀式

玩夠了以後要讓貓抓到逗貓棒，「貓大爺我滿足了。」

貓大人情報

拜訪貓咪

剛開始喜歡「貓大人」也好，已經很深入研究也好，突然之間愛得不得了也好。喜歡的方式千奇百怪、變化多端。

貓咖啡店讓你獲得療癒

到處都可以看到貓咖啡店，無法在家養貓的人非常喜愛。許多貓都很親人，店員也會教你和貓玩耍或是撫摸的方法，很適合剛入門的愛貓者。有些店還可以吃簡餐，或是舉辦攝影會。可以多去幾家，找尋自己適合的貓咖啡店，說不定還能看到喜歡的貓。

貓之島

如果在網路上搜尋「貓之島」，就會發現從日本南邊沖繩縣竹富島，到北邊的宮城縣田代島，都有非常多的資訊。其中還包括了貓比島民要多的島，以及貓與島民相處融洽的島。出去旅行還可以賞貓、拍照、和貓玩耍，真是太開心了。

不過像瀨戶內海的青島，因為太過熱門，觀光客太多，已經妨礙到島民平靜的生活，所以出發前還是要先仔細研究。

博物館、美術館

到美術館尋找名畫中的貓。在畫中發現居然有貓的身影，心中雀躍不已。

靜岡縣伊豆高原貓博物館也相當有名。另外還可以參觀愛知縣的招財貓博物館、岡山縣的招財貓美術館，除了獲得知識外，說不定運氣也會變好。

奉祀貓的神社、寺廟

奉祀貓咪的貓神社、貓寺廟、貓佛祖、貓稻荷等遍布日本全國各地。最有名的地方，是櫪木縣日光東照宮的「眠貓」。另外，以貓之島聞名的宮城縣田代島，也有奉祀貓咪的貓神社。東京都阿豆佐味天神社・立川水天宮，以提供尋回走失貓的「貓返」服務聞名。

另外還有防止老鼠偷吃蠶繭的神，以及占卜漁獲祈求航海平安的神等，各式各樣的宮廟。也流傳了很多貓咪報恩的傳說故事。

拜訪名貓的所在

貓站長、商店的看板貓、貓店長……網路可以搜尋到許多有名的貓。但是因為這些貓咪是活生生的動物，不一定什麼時候去都能見到，也會有許多不同的狀況。所以出發之前，建議先確認一下目前的情形。

說起來現在似乎也多了許多貓喫茶。就算不是有名的貓，研究一下自家附近的貓，好好享受和貓玩耍的時間與空間。

尋找貓的書

東京都神保町的「貓咪天堂」（姊川書店內），是大家都知道的貓咪書籍聖地。在那邊買書的話，會幫你用可愛貓咪圖案的紙書套包起來。

看看周圍的貓

還有一個方法是去和朋友家養的貓培養感情。如果熟悉了，說不定能成為主人去旅行時幫忙照顧的重要幫手。想要尋找外面的野貓，可以到公園或停車場看看。

附貓的出租公寓

現在出現一種屋內配有貓咪的出租公寓。要想租這樣的房子，條件就是願意照顧貓咪。這是由喜歡貓的房東想出的租屋配套。房客換人了，貓咪還是住在裡面。

飼養幻想的貓

如果自己能夠養貓當然是最好，但如果是不可養寵物的出租房之類，就不可能養貓。這樣的話，飼養幻想中的貓也是一種解決方法。

幫幻想的貓取名字，設定個性，假裝跟貓咪講話、遊玩。不過，這個樣子應該絕對不能讓別人看到吧！

貓展一瞥

貓展是依據貓的品種、性別等分出級別，根據貓的美貌或氣魄來打分數，可說是貓的選美比賽。一般人也可以到貓展現場參觀，可參考各大愛貓團體網站上的日程與地點、比賽品種等資訊。

逗貓棒和貓咪用品的店家也會出席貓展。全國各地的貓咪都會出現在這裡，所以要參觀的話，注意不要造成貓、評審或是參賽人員的麻煩。

其中也有CFA或TICA等負責品種登錄認證的大型愛貓團體。除了日本分部外，也可以參考總部的網站（英語），可以學到許多關於貓咪品種的知識。

● **CFA（The Cat Fanciers Association）Japan 愛貓者協會日本分部**

1906年於美國成立的團體。不承認與野生貓交配育成的品種。

http://www.cfajapan.org/l_cj_top.html（日本的網站）

● **TICA（The International Cat Association）Asia Region 國際貓協會亞洲分部**

1979年在美國成立的團體。各式的新品種均予以公認登錄。孟加拉貓、熱帶草原貓、曼基貓，都是TICA公認的品種。

http://www.tica-asiaregion.net（日本的網站）

http://www.tica.org/ja/（總部的網站）

附錄

招財貓

除了三毛貓和白貓之外，招財貓還有黑貓、赤貓、金色貓、藍貓、粉紅貓等各種顏色。在這裡稍微介紹一下招財貓的相關知識。

招財貓的由來

據說舉右手的貓是招財，舉左手的貓是攬客，其中當然還有兩手高舉的貪心貓咪。雖然一般會是三毛貓或白貓，不過也有種說法是黑貓負責除魔解厄，赤貓具有去病的功效。

招財貓的由來各有不同。

●豪德寺（東京）的說法

江戶時期，井伊直孝走過寺廟前面，有白貓在廟門前招手，於是就停下來休息一下。之後幸運的避開危險，所以捐了很多香油錢。

●今戶神社（東京）的說法

江戶末期，因為太窮無法繼續養貓的老太太，夢見自己的貓說：「把我的樣子做成娃娃來賣，就會變得幸運。」於是照著貓的話在淺草神社參拜的路旁賣起貓娃娃，大受好評。

全世界都有招財貓

在台灣和中國都可以看到招財貓，連美國也稱之為「歡迎貓（Welcome Cat）」，廣受喜愛。在美國，因為日本招財貓的手勢是代表「走開」的意思，所以美國製的招財貓前腳掌會張開，不過還是可以看到很多日式的招財貓。不論如何，都和真正的貓咪一起開運招福吧!!

大家都是附有血
統書的招財貓
福氣，來喲～
哪一隻比較
幸運呢？
豪德寺的是
「招福貓兒」
各位讀者，祝好運！
Good Luck！

結語

「拉鬍子的瞬間會閉上眼睛？我家的不會耶！」「肩膀有蝴蝶花紋？我叫我女兒去確認一下。」養貓的重度愛貓人、只是喜歡貓的輕度愛貓人，最後就連家人、朋友，甚至貓本身都帶了進來，在喧鬧的嘗試錯誤過程中，完成了本書。

我們想要做的是一本認真介紹可愛貓咪的書。每年編輯月曆的時候，雖然都要看數萬張的幼貓照片，但這次是包括成貓在內，總共檢視了二十萬張照片。終於選出了散發自然魅力，而且是具有該品種樣貌的照片。

喜歡貓和喜歡狗不一樣，除了自己的貓之外，也會喜歡其他的貓，最後還會喜歡上喜歡貓的人。愛貓人越來越多的話，世界就可以和平了吧？相信一定會這樣。（Nakano）

索引（以首字注音符號排序）

喜歡哪一種貓？還是想再養一隻貓？以下索引幫
助你快速找到這些貓咪的基本資訊！

Magic039

好想養隻貓

可愛療癒系萌貓小圖鑑

監修｜今泉忠明
攝影｜福田豐文
文字｜中野博美
翻譯｜徐曉珮
美術完稿｜許維玲
編輯｜彭文怡
校對｜連玉瑩
企畫統籌｜李橘
總編輯｜莫少閒
出版者｜朱雀文化事業有限公司
地址｜台北市基隆路二段 13-1 號 3 樓
電話｜ 02-2345-3868
傳真｜ 02-2345-3828
劃撥帳號｜ 19234566 朱雀文化事業有限公司
E-mail ｜ redbook@ms26.hinet.net
網址｜ http://redbook.com.tw
總經銷｜大和書報圖書股份有限公司 (02)8990-2588
ISBN ｜ 978-986-93863-9-5
初版一刷｜ 2017.03
定價｜ 280 元

國家圖書館出版品預行編目

好想養隻貓／可愛療癒系萌貓小圖鑑
監修/今泉忠明，攝影/福田豐文，文字/中野博美--初版.--台北市：朱雀文化，2017.3
面； 公分--（Magic；039）
ISBN 978-986-93863-9-5
1. 貓　2. 動物圖鑑
389.818025　　106002621

出版登記｜北市業字第 1403 號

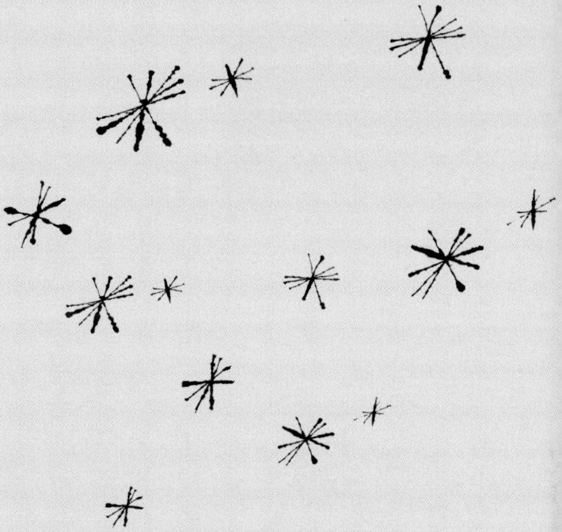